进·化·的·旅·程

恐龙

王章俊 著

童趣出版有限公司编　人民邮电出版社出版

北　京

图书在版编目（CIP）数据

进化的旅程. 恐龙 / 王章俊著 ; 童趣出版有限公司
编. -- 北京 : 人民邮电出版社，2021.9
ISBN 978-7-115-56198-5

Ⅰ. ①进… Ⅱ. ①王… ②童… Ⅲ. ①恐龙－进化－
少儿读物 Ⅳ. ①Q11-49

中国版本图书馆CIP数据核字(2021)第051196号

著　　　　：王章俊
责任编辑：王宇絜
责任印制：李晓敏

编　　　　：童趣出版有限公司
出　　版：人民邮电出版社
地　　址：北京市丰台区成寿寺路 11 号邮电出版大厦（100164）
网　　址：www.childrenfun.com.cn

读者热线：010-81054177
经销电话：010-81054120

印　　刷：北京华联印刷有限公司
开　　本：787×1092 1/12
印　　张：4
字　　数：80 千字
版　　次：2021 年 9 月第 1 版　2021 年 9 月第 1 次印刷
书　　号：ISBN 978-7-115-56198-5
定　　价：30.00 元

序言

　　如果把地球 46 亿年的历史浓缩成 24 小时，恐龙在 22 点 46 分 39 秒第一次出现，不到 1 小时后，在 23 点 39 分 30 秒，又从地球上消失。相比之下，人类出现得极其晚，在最后 1 分钟才诞生在非洲。但就在这 1 分钟的时间里，人类开始直立行走、制造石器、学会用火、发明高级语言，创造出了灿烂的文明。

　　今天，我们遥望飞翔、奔跑的史前生灵，寻觅我们祖先走出非洲的迁徙路线，犹如乘坐一架时光机器。我们回到 200 多万年前，看到祖先如何采集、狩猎，再到 1 亿多年前的白垩纪，见证恐龙如何进化成鸟类……穿越到 3 亿多年前的晚泥盆世，看到四条腿的鱼类如何登上陆地，从此拉开了四足动物繁衍的序幕……直到 5.3 亿年前的寒武纪，目睹蔚为壮观的"生命大爆发"，人类的有头鼻祖——昆明鱼隆重现身，开启了脊椎动物的进化之旅！

　　40 亿年前，地球上所有生命的始祖——露卡悄然面世。

继续回溯到 138 亿年前，我们会看到"宇宙大爆炸"的壮美画面，见证氢原子的形成、第一束光的出现，以及 50 亿年前太阳的诞生。

孩子对生命进化的兴趣，源于人类独有的本能。从呱呱落地、翻身爬行、站立行走，到跳跃奔跑；从牙牙学语、初识文字、学会书画、掌握技能，再到设计飞船、进入太空……犹如人类的祖先从四足爬行，到直立行走、制作石器、走出非洲，最终遍布全球。

这套书既可以激发孩子对科学的热爱，也可在孩子的思想深处播撒对自然知识渴望的种子。书中生动而充满创意的插图和通俗有趣的文字，一定会令他们手不释卷。同时，生动直观的生命进化树，可以让孩子了解脊椎动物的前世今生，赋予孩子丰富的联想，提升逻辑思维和创新潜力。

我希望越来越多的孩子，我们的子孙后代，都能把"我想当一名科学家"作为儿时的梦想，只有这样，方能极大地提升人生价值，也只有这样，民族复兴、国家强盛，方能指日可待！祝小朋友们阅读愉快，开心成长！

舒德干

中国科学院院士、进化古生物学家

前言

　　孩子对宇宙中运行的天体、千奇百怪的动物，以及神秘莫测的自然现象天生充满好奇心，尤其是对史前动物——恐龙，更是表现出极大的兴趣，经久不衰。

　　每个生命都是一个不朽的传奇，每个传奇的背后都有一个精彩的故事。

　　学习自然科学知识，既要知道是什么，更要知道为什么，正所谓"知其然，知其所以然"。学习自然科学，就要抱着"打破砂锅问到底"的科学态度，了解表象，探索本质，循序渐进，必有所得。

　　这是一套专门为孩子量身定做的自然科学绘本（共 4 册），从"大历史"的视角，按时间顺序与进化脉络，将天文学、地质学、生物学的知识融会贯通，不仅让孩子知道宇宙天体的现在与过去，更让孩子了解鲜活生命的今生与前世。

　　发生于 138 亿年前的"宇宙大爆炸"，创造了世间万物，甚至创造了时间和空间。诞生于 40 亿年前的露卡，是一次次"自我复制"形成的最原始生命。一切生命，都由 4 个字母 A、T、G、C 与 20 个单词代码（氨基酸）书写而成。无论是肉眼看不见的领鞭毛虫或身体多孔的海绵，还是形态怪异的叶足虫或体长 2 米的奇虾，都是露卡的"子子孙孙"，也就是说，"所有的生命都来自一个共同的祖先"。

所有的脊椎动物，无论是海洋杀手巨齿鲨、爬行登陆的鱼石螈、飞向蓝天的热河鸟、统治世界的人类，还是侏罗纪—白垩纪时期霸占天空的翼龙、称霸水中的鱼龙、主宰陆地的恐龙，都有一个共同的始祖——5.3亿年前的昆明鱼。

人类的诞生只有400多万年，从树栖、半直立爬行到两足直立行走，从一身浓毛到皮肤裸露，从采集果实到奔跑狩猎，从茹毛饮血到学会烧烤，直到数万年前，我们最直接的祖先——智人，第三次走出非洲，完成了人类历史上最伟大、最壮观的迁徙，跨越海峡，进入欧亚大陆；乘筏漂流，抵达大洋洲；穿过森林，踏进美洲，最终统治世界五大洲。新石器时代，开启了人类文明之旅，从农耕文明到三次工业革命，直至今天，进入了人工智能时代。

我们希望这样一套书能带给孩子最原始的认知欲一些小小的满足，能带领孩子进入生命的世界，能让孩子在阅读中发现科学的美妙与趣味，那便是我们出版这套书最大的价值。

全国生物进化学学科首席科学传播专家

它们来了

第三次生物大灭绝事件后，天上开始出现了翼龙，水里有了鱼龙，而我们这本书的主角——恐龙，也闪亮登场了。

大约2.34亿年前，第一种恐龙——始盗龙出现了。始盗龙的化石发现于现在的南美洲，科学家推测它们可能是所有恐龙的祖先，所以我们把南美洲看作是恐龙的摇篮。

恐龙都没有脚后跟，靠脚趾着地行走或奔跑。

英文"Dinosaur"一词由英国古生物学家理查德·欧文创造，意思是"恐怖的蜥蜴"。中文"恐龙"一词，源自日文。

恐龙的体温相对恒定，靠生理活动调节体温，有的会孵蛋。

四足行走或后肢行走，用前肢捕食。

恐龙的四肢位于躯体的正下方，它们不再肚皮贴着地面匍匐前进。

第一个发现恐龙化石的人，是英国一位名叫吉迪恩·曼特尔的乡村医生。

不一样的地球

大约 2 亿年前，地球板块运动，岩浆喷发，导致了第四次生物大灭绝事件，恐龙却因这场灾难而爆发式、多样化发展，由弱小变得强大。它们迅速成为地球霸主，统治地球 1.6 亿多年。

恐龙的家族十分庞大，形态各式各样，遍布世界各大洲。恐龙中有植食性恐龙、肉食性恐龙，还有和我们人类食性一样的杂食性恐龙。目前科学家已经发现了 1000 多种恐龙的化石。

大约 2 亿年前，地球上还不是现在这样的几个大洲，而是一块完整的大陆，叫作联合古陆，犹如一艘巨型航母漂浮在泛大洋上。

劳亚古陆

冈瓦纳古陆

后来，联合古陆逐渐分开。首先裂成了南北两块，两块中间的"大缝"叫作中大西洋。

随着岩浆从陆地的缝隙中不断涌出，南北两个大陆继续分开。劳亚古陆分出了北美洲和欧亚大陆，冈瓦纳古陆分出了南美洲、非洲、南极洲，以及印度次大陆和澳大利亚大陆。

北美洲

欧洲

亚洲

非洲

印度次大陆

南美洲

澳大利亚大陆

南极洲

直到 2000 万年前，现在世界七大洲的位置才基本确定。

恐龙的『族谱』

中国鸟
中华神州鸟
孔子鸟
热河鸟
树息龙
奇翼龙
始祖鸟
小盗龙
鸟类
鸟翼类
近鸟龙
霸王龙
窃蛋龙
羽王龙
特暴龙
近鸟类
镰刀龙
巴塔哥巨龙
似鸟龙
手盗龙类
阿瓦拉慈龙
帝龙
侏罗猎龙
中华龙鸟
圆顶龙
美颌龙
腕龙
斯基龙
哥斯拉龙
异特龙
理理恩龙
滥食龙
永川龙
腔骨龙
蜥脚类
中华盗龙
虚骨龙类
原蜥脚类
蛮龙
原始蜥臀目
斑龙
坚尾龙类
兽脚类
始盗
埃雷拉龙
棘龙
虚骨龙
蜥臀目
双脊龙
南十字龙
太阳神龙

6

朝阳龙

中国角龙

双角龙

平头龙

肿头龙

龙王龙

峨眉龙

马门溪龙

鞍龙

丰龙

黑水龙

果齿龙

钦迪龙

艾沃克龙

角龙类

山东龙

禽龙

青岛龙

沱江龙

剑龙

华阳龙

中原龙

包头龙

甲龙

剑龙类

甲龙类

小盾龙

始奔龙

皮萨诺龙

鸟臀目

恐龙

为什么翼龙、鱼龙等不是恐龙?

两大家族的秘密

按照骨盆结构的不同，恐龙可以分为两大家族：鸟臀目和蜥臀目。除此之外，其他带有"龙"字的动物，比如翼龙、鱼龙、蛇颈龙等，都不是恐龙。

鸟臀目的意思是"臀部像鸟一样"，它们的骨盆结构有点儿像一把手斧，不过手斧的中间有个洞。鸟臀目大多是植食性恐龙，具有代表性的是最早的皮萨诺龙和始奔龙。后来又出现了鸟臀目"五兄弟"——剑龙类、甲龙类、鸟脚类、角龙类和肿头龙类。

始奔龙

蜥臀目恐龙的臀部和蜥蜴相似，它们的骨盆从侧面看像一个小马扎，一根骨头向前伸，另一根骨头向后伸。具有代表性的是马门溪龙、腕龙、霸王龙等。

中国的龙与恐龙的区别

中国的龙：中华民族的图腾，是一种文化的象征，在自然界里并不存在。人们想象中的龙的形态经过了几千年的演变，是驼头、鹿角、蛇身、鱼鳞和鹰爪等的复合体。传说它可以呼风唤雨，保佑一方风调雨顺，所以被奉为保护神。古时候，皇帝自称"真龙天子"，只有皇帝才可以穿龙袍、坐龙椅、睡龙床。

小盗龙

近鸟龙

恐龙：一种真实存在过的史前动物，生活在 2.34 亿～6600 万年前，形态各异，大小不一，分布于世界各地。中国是发现恐龙种类最多的国家，特别是长毛的、会飞的恐龙，如近鸟龙、小盗龙等。

霸王龙

温和的小个子

早期的鸟臀目恐龙大多生活在 2 亿多年前，用两足行走或奔跑，体形较小，一般体长 1 米多，体重不过几千克，多以植物为食，性情温和，不会主动攻击别的动物，常常成为肉食性恐龙的猎物。

已知最早的鸟臀目恐龙：皮萨诺龙

皮萨诺龙化石发现于南美洲，它们生活在 2.28 亿～ 2.17 亿年前，体长约 1 米，用两足行走。

"最初的奔跑者"：始奔龙

始奔龙生活在约 2.1 亿年前，体长只有 1 米多，是一种体重非常轻的两足恐龙，跑得非常快。

小巧玲珑的恐龙：果齿龙

　　果齿龙生活在1.5亿年前，体长不足1米，体重小于1千克，是体形很小的鸟臀目恐龙之一。它们善于奔跑，是一种杂食性恐龙，除了植物，可能也吃一些昆虫。

"身披铠甲者"：小盾龙

　　小盾龙两足站立、奔跑，它们生活在2亿～1.96亿年前，是最早的身体覆盖着骨质甲板的恐龙。

重甲武士

后期的鸟臀目恐龙体形较大，变成了四足行走，它们都是植食性恐龙。它们还进化出了各式各样的防御性器官，以对抗肉食性恐龙，并让人认为进化具有目的性。它们就是鸟臀目"五兄弟"。

老大是著名的剑龙类，它们生活在1.5亿～1.45亿年前的晚侏罗世，身体比早期的鸟臀目长。

长长的肩刺

锋利的尾刺

头部小而窄，脖子很短

成排的坚硬骨板

粗壮的四肢

沱江龙

沱江龙生活在晚侏罗世，化石发现于中国四川。沱江龙体长约7米，臀高2米，重约4吨，体形比剑龙小。

华阳龙

华阳龙的化石也发现于中国四川。华阳龙生活在约1.65亿年前，比它们北美洲的著名"近亲"剑龙早了约2000万年。

老二甲龙类的身上布满了骨质甲板，就好像披了铠甲一样。目前发现的最古老的甲龙类生活在早侏罗世的中国，并存活到晚白垩世。除非洲外，其余各大洲几乎都曾有它们的身影。

布满骨质甲板

有的有尾锤

牙齿细小

身体低矮强壮

小于 1 米

体形较庞大，四肢短粗

中原龙

中原龙生活在早白垩世，化石发现于中国河南。它们的特点是头的顶部平坦，坐骨笔直。

包头龙

包头龙是最大的甲龙类之一，体长约 6 米，体重约 3 吨，生活在 8500 万～ 6600 万年前。它们嗅觉灵敏，四肢灵活，会刨坑挖洞。

各显神通

除了剑龙类和甲龙类之外，鸟臀目另外的"三兄弟"也各具特色。

山东龙

青岛龙

朝阳

禽龙

鸟脚类生活在早侏罗世到晚白垩世，身体结构也有点儿像鸟类，所以叫这个名字。它们的爪子又钝又小，无法撕碎肉，只能以植物为食。

早期的鸟脚类个子比较小，用两条长长的后腿奔跑，后来慢慢进化成了大型四足恐龙，嘴巴前方的牙齿退化，变得像鸭嘴一样。

平头龙

中国角龙

双角龙

龙王龙

肿头龙

角龙类生活在白垩纪的北美洲与亚洲，它们最大的特点是脸上长着各种各样角状的骨头，有的像双颊长着两颗"大牙"，有的像牛角一样，还有的像扇子。

除了脸上的角状物，角龙类的颈部还长有"头盾"，保护脆弱的颈部，帮助它们抵御天敌。

肿头龙类又称厚头龙类，它们的特点是头盖骨异常厚，好像顶了一座山丘在头上，非常有趣。有的"山丘"顶部有10多厘米厚，能够很好地保护头部。

我们现在已知的大多数肿头龙类都生活在晚白垩世的北美洲与亚洲，一般是植食性或杂食性的。但和这一时期其他的鸟臀目恐龙不同，肿头龙类全是两足行走。

什么都吃

和早期的鸟臀目恐龙差不多，早期的蜥臀目恐龙体形也比较小，并且两足站立。不同的是，早期的蜥臀目恐龙大多是杂食性的。

始盗龙的出现标志着动物开始用后肢行走、前肢捕食，这是脊椎动物进化史上的第五次巨大飞跃。

最早的恐龙：始盗龙

始盗龙是最早的一种恐龙，生活在 2.34 亿年前的南美洲。它们两足行走，并拥有善于捕抓猎物的短小前肢。它们同时有着肉食性和植食性恐龙的牙齿，应该是杂食性恐龙。

肉食性恐龙的牙齿

植食性恐龙的牙齿

恐龙的牙齿

肉食性恐龙的牙齿：形状像匕首一样，呈不规则排列，微向后弯，边缘呈锯齿状。

植食性恐龙的牙齿：有钉状齿、勺形齿、叶形齿。

有的恐龙没有牙齿，像今天的鸡一样，靠吞食的石头在胃里将食物磨碎。

恐龙都没有臼齿，所以它们不能咀嚼。

杂食的小恐龙：艾沃克龙

　　艾沃克龙生活在晚三叠世的印度，体形比较小。它们的食谱和始盗龙的有点儿像，都喜欢吃昆虫和小型的脊椎动物，也喜欢吃植物，是杂食性恐龙。

凶猛的捕食者：钦迪龙

　　钦迪龙也生活在晚三叠世，体长约2.4米，体重约30千克。虽然很轻，但是它们可以"团队合作"，共同攻击大型植食性恐龙，相当凶猛。

素食者

后来的蜥臀目恐龙体形也逐渐变大，我们将它们分为蜥脚形类和兽脚类两大类。

蜥脚形类大多是植食性恐龙，而原蜥脚类就是早期的蜥脚形类，生活在中三叠世到早侏罗世。它们的头部一般很小，却有稍长的脖子，前肢比后肢短，有非常大的拇指尖爪，可用来防卫，并且大多数是半两足动物，极少数是完全四足动物。

鞍龙

鞍龙生活在约 2.25 亿年前，体长约 7 米，身高约 2.1 米，体重约 900 千克。

滥食龙

滥食龙生活在约 2.31 亿年前，是已知最早期的恐龙之一。与其他的原蜥脚类不同，它们可能是杂食性恐龙，是肉食性的兽脚类与植食性的蜥脚形类之间的过渡物种。

黑水龙

黑水龙是一种小个子恐龙，体长约 2.5 米，身高约 80 厘米，体重约 70 千克。它们生活在 2.25 亿～2 亿年前。

禄丰龙

禄丰龙生活在约 1.9 亿年前，因化石发现于中国云南禄丰而得名。它们身体笨重，体长可达 9 米，体重约 1.7 吨。

植食性恐龙吃什么植物?

除吃蕨类植物外，还吃松树、柏树、苏铁和科达树等裸子植物。

科达树

松树

柏树

苏铁

19

四足行走的大块头

在我们的印象中，恐龙常常是庞然大物。蜥脚类"应运而生"，它们是晚期的蜥脚形类，繁盛于侏罗纪至白垩纪。它们的体形明显变大，用四足行走，脑袋很小，有细长的脖子和尾巴，以及粗壮的四肢和5个脚趾。蜥脚类包含了陆地上出现过的最大的动物。

马门溪龙

这是合川马门溪龙，它的化石发现于中国重庆合川地区，是中国境内发现的最为完整的蜥脚类恐龙化石。它们生活在约1.45亿年前，体长22～30米，身高近4米。

巴塔哥巨龙

蜥脚类中最大的是巴塔哥巨龙，据推测，它可能也是目前世界上发现的最大、最重的恐龙。它体长约37米，体重能达到77吨，常用有力的尾巴防御捕食者。

圆顶龙

圆顶龙生活于晚侏罗世，很可能是异特龙的猎物。成年圆顶龙体长约 20 米，体重约 30 吨。它们是群居动物，但不做窝，边走边生蛋，生出的恐龙蛋形成一条线，并且不照看小恐龙。

峨眉龙

峨眉龙生活在 1.67 亿～1.61 亿年前，它的化石发现于中国四川。

腕龙

腕龙生活于 1.56 亿～1.45 亿年前。它们成群居住和迁徙，像圆顶龙一样生蛋，像长颈鹿一样将脖子高高仰起。

为什么它们那么大？

鸟类的祖先

和蜥脚形类相反，兽脚类中几乎都是肉食性恐龙。它们的骨骼像鸟类一样是中空的；前肢小巧灵活，能够抓捕猎物；后肢粗壮有力，利于奔跑。著名的兽脚类有异特龙、特暴龙和我们最熟悉的霸王龙，还有在中国发现的永川龙、中华盗龙等。

兽脚类在上亿年的进化中，经过基因突变、优胜劣汰、代代相传，最后有一支进化成了鸟类。所以，可以说兽脚类是鸟类的直接祖先。

永川龙

异特龙

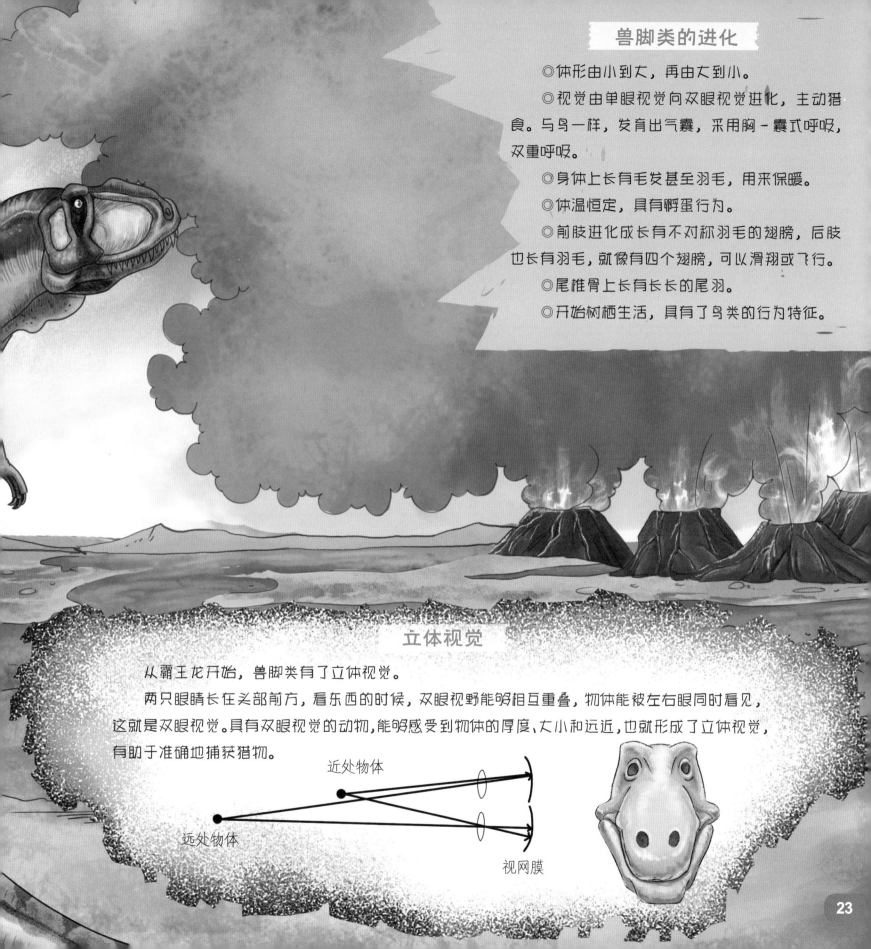

兽脚类的进化

◎体形由小到大，再由大到小。

◎视觉由单眼视觉向双眼视觉进化，主动猎食。与鸟一样，发育出气囊，采用胸－囊式呼吸，双重呼吸。

◎身体上长有毛发甚至羽毛，用来保暖。

◎体温恒定，具有孵蛋行为。

◎前肢进化成长有不对称羽毛的翅膀，后肢也长有羽毛，就像有四个翅膀，可以滑翔或飞行。

◎尾椎骨上长有长长的尾羽。

◎开始树栖生活，具有了鸟类的行为特征。

立体视觉

从霸王龙开始，兽脚类有了立体视觉。

两只眼睛长在头部前方，看东西的时候，双眼视野能够相互重叠，物体能被左右眼同时看见，这就是双眼视觉。具有双眼视觉的动物，能够感受到物体的厚度、大小和远近，也就形成了立体视觉，有助于准确地捕获猎物。

近处物体

远处物体

视网膜

顾名思义的"龙"

比较原始的兽脚类大多有看起来非常奇怪的名字，这些名字一般和它们的发现地、发现者、特点，或是具有纪念意义的人或事有关。

埃雷拉龙

埃雷拉龙生活在 2.31 亿～2.28 亿年前，它的化石是阿根廷一位叫作埃雷拉的农民发现的。这是一种轻巧的肉食性恐龙，脑袋很小，有着长尾巴，体长 3～6 米，臀高超过 1.1 米，重 210～350 千克。

早期兽脚类：太阳神龙

太阳神龙是较早的兽脚类之一，生活在 2.15 亿～2.13 亿年前。化石发现于美国新墨西哥州，研究人员将它命名为"Tawa"，在化石发现地附近的原住民霍皮人的语言中，这个词意为"太阳神"。

头戴圆冠的恐龙：双脊龙

双脊龙生活在约 1.9 亿年前，因其头顶有两个冠状物而得名。这些圆冠主要用作装饰，相当脆弱，不能作为武器。根据圆冠的大小可以辨别雌雄。

小型的捕食者：南十字龙

南十字龙生活在晚三叠世。1970年，它的化石发现于巴西，当时在南半球发现的恐龙化石很少，因此便以只有在南半球才能看见的"南十字星座"来命名。南十字龙和始盗龙、埃雷拉龙是近亲。

虚骨龙

它的尾椎骨是空心的，所以它也叫空尾龙。虚骨龙生活在1.53亿～1.5亿年前，是一种小型两足肉食性恐龙。

身材修长的掠食者

腔骨龙类是一类小型兽脚类，体长1～6米，生活在晚三叠世到早侏罗世。它们身体修长，善于奔跑，有些头顶有易碎的冠饰，能够群体捕食。腔骨龙类是那个时代里最为强大的掠食者。

哥斯拉龙

哥斯拉龙生活在2.1亿年前，体长约5.5米，体重150～200千克，是当时的大型肉食性动物之一。

理理恩龙

理理恩龙生活在2.15亿～2亿年前，它最明显的特点是头上有脊冠。不过它的脊冠只是两片薄薄的骨头，在捕食时如果脊冠被攻击，它可能因剧痛放弃眼前的猎物而逃跑。

腔骨龙

腔骨龙生活在2.16亿～2.03亿年前，是小型的两足肉食性恐龙。腔骨龙身材非常纤细，善于奔跑。它的头部长而狭窄，长有锐利的锯齿状牙齿，以小型的、类似蜥蜴的动物为食。

斯基龙

斯基龙生活在约1.83亿年前，是一种敏捷的两足恐龙，和鹅差不多大，体长约1米，高约0.5米，体重4～7千克。

尾巴向上的"老朋友"

侏罗纪是恐龙家族大爆发的时代，其中有一部分兽脚类有着坚挺向上的尾巴，被称为坚尾龙类。其中有很多我们熟悉的"老朋友"。

坚尾龙类与以前的恐龙相比，尾巴没有那么灵活了，这是因为它的大腿骨和尾巴上的肌肉缩短了。但这并不是坏事，僵硬的尾巴能够充当"方向盘"，帮助它们在快速奔跑的时候改变方向。

斑龙

斑龙，又名巨龙、巨齿龙，从这几个名字我们就能看出它的特点。斑龙生活在 1.81 亿～1.69 亿年前，是一种大型肉食性恐龙，体长约 9 米，体重约 1 吨，可能捕食剑龙类与蜥脚类。

蛮龙

蛮龙的意思是"野蛮的蜥蜴"，是目前已知侏罗纪最大的兽脚类之一，体长 9～11 米，体重两三吨。蛮龙拥有强大的力量，能捕食大型植食性恐龙。

背帆的功能

调节体温

储存脂肪

吸引异性或猎物

威胁对手

棘龙

棘龙的意思是"有棘的蜥蜴"，生活在晚白垩世。它的体形巨大，头骨狭长，背帆高大，有桨状尾巴。棘龙既可以在水里游动捕食，也可以在陆地上捕食蜥脚类的幼崽等。它捕食时靠嘴巴上的小孔发出的辐射源感知猎物。

恐龙有羽毛吗？

兽脚类中后来又出现了虚骨龙类，它们是亲缘关系更接近鸟类的恐龙，有科学家认为，在向鸟类进化的过程中，它们起到承前启后的作用。虚骨龙类中的"兄弟姐妹"众多，虽然被分为一类，它们的外貌却天差地别。下面我们来认识一下最具特色的几类。

羽毛的进化

最先由鳞片延长，形成原始的管状羽毛。

簇状羽毛，用来保暖。

未分叉的对称羽毛，仍然起保暖作用。

复杂的分叉对称羽毛，用于滑翔。

最终进化出不对称的羽毛，叫作飞羽，可以用于飞行。

由于骨骼中空，随着羽毛的进化，兽脚类逐渐有了飞行能力，体形也开始向小型化演变。

中华龙鸟

中华龙鸟是中国乃至世界上最早被发现带羽毛的恐龙。它生活在1.25亿～1.22亿年前，最明显的特点是全身长有原始的绒毛，像现在小鸡的绒毛一样。它的嘴里有锋利的牙齿，虽然叫"鸟"，但它不是鸟，而是一种恐龙。
中华龙鸟的发现极大地推动了对恐龙与鸟类关系的研究。

美颌龙类是小型肉食性恐龙，生活在侏罗纪至白垩纪，它们身体表面有与鸟类羽毛相似的鬃毛样物。

侏罗猎龙

侏罗猎龙是中华龙鸟的"姐妹"，身上局部长有原始羽毛。它生活在 1.52 亿～1.51 亿年前，因发现于德国侏罗山脉而得名。

美颌龙

美颌龙和火鸡差不多大小，生活在约 1.5 亿年前。美颌龙是一种小型两足恐龙，重约 3 千克。它有较长的后肢及尾巴，有利于在运动时平衡身体。

恐怖的蜥蜴王

暴龙类是虚骨龙类中非常独特的一支，它们最初出现于侏罗纪的劳亚古陆，体形较小，到了白垩纪，就变成了北半球超大型掠食动物，我们熟悉的霸王龙就是暴龙类的一员悍将。

霸王龙

霸王龙又称暴龙，意思是"残暴的蜥蜴王"，是出现最晚、体形最大、咬合力最强的肉食性恐龙。它体长约13米，肩高约5米，平均体重可达9吨，已经进化出立体视觉，能够主动捕食。

帝龙

帝龙是一种小型、有羽毛的恐龙，也是凶猛的肉食性恐龙。它体长约2米，高约0.8米，是暴龙的祖先。

特暴龙

特暴龙意为"令人害怕的蜥蜴",生活在7000万～6650万年前。它是一种大型的两足捕食动物,体重约6吨,可能以大型恐龙为食。它的前肢很小,拥有约60颗大而锐利的牙齿。

羽王龙

羽王龙,又名羽暴龙,生活在约1.25亿年前,化石发现于中国。它体长约9米,体重约1.4吨,是已知体形最大的有羽毛的恐龙。它的羽毛呈丝状,几乎覆盖全身,主要用于保持体温。

似鸟龙类的意思是"鸟类模仿者蜥蜴",它们生活在白垩纪的劳亚古陆,可能是速度最快的恐龙之一,奔跑时速度可达35～60千米/时。

似鸟龙

似鸟龙体长约3.5米,高2.1米,重100～150千克,看起来非常像现代的鸵鸟,但它是一种两足恐龙。它有大大的眼睛,视力较好;有长长的尾巴,可以帮助身体保持平衡;还有细细的羽毛,前肢有长羽毛,形如鸟的翅膀,末端有细长的指爪,便于捕捉猎物。

越来越像鸟

手盗龙类是似鸟龙类的"姐妹"，这一类包含现在所有的鸟类。

手盗龙类的特点是有细长的手臂与手掌，手掌有3指。它们是杂食性动物，还是唯一具有骨化胸板的恐龙，已经进化出与现代鸟类一样的正羽与飞羽。

最先进化出的是阿瓦拉慈龙，它们的前肢有一个大型指爪，适合挖洞；头部修长，嘴巴较长，便于吃洞穴中的白蚁；用两足行走，尾巴长，善于奔跑。

阿瓦拉慈龙

窃蛋龙是最像鸟类的恐龙之一，它体形很小，形似火鸡，头顶有骨质头冠，前肢指爪弯而尖锐，攻击力强，后肢强壮，行动敏捷，会像鸟一样孵蛋。

镰刀龙

随后进化出了镰刀龙，它是兽脚类中唯一的植食性恐龙。它的体形大，有3个指爪，其中最长的有1米。

窃蛋龙

伤齿龙类中最典型的是近鸟龙。它生活在约1.6亿年前，是目前已知年代最早的有羽毛恐龙，也是已知最小型的恐龙之一。近鸟龙可能有滑翔和一定的飞行能力。

进化到恐爪龙类时，与鸟类只差一步了，所以属近鸟类恐龙。恐爪龙类是中小型肉食性恐龙，最早出现于1.64亿年前，在地球上生活了约1亿年。恐爪龙类有驰龙类和伤齿龙类两个家族，它们可能是鸟类的直接祖先。

小盗龙是最有代表性的驰龙类。它的四肢与尾巴上有长长的飞羽，是具有"四翼"特征的恐龙，生活在约1.26亿年前，已经具备了飞行能力。

近鸟龙

小盗龙

走路时的位置

进攻时的位置

第一趾

第二趾

第三趾

第四趾

恐爪龙类的脚趾

第二趾如大型弯刀，行走或奔跑时，第二趾往上后缩，不着地，只有第三、第四趾着地；进攻时，第二趾伸出扎进猎物身体。

飞向蓝天

鸟翼类，又名初鸟类，是更接近现代鸟类的一类恐龙。它们的翅膀上长满羽毛，已经能够拍打翅膀飞上蓝天，和现代的鸟类没有太大的区别了。

擅攀鸟龙类是鸟翼类的一个分支，与鸟类的亲缘关系很近。擅攀鸟龙类的化石发现于中国辽宁，它们生活在晚侏罗世或早白垩世，大部分时间待在树上，显著的特点是第三根手指最长。

树息龙

树息龙生活在 1.64 亿~1.59 亿年前。它是半栖息于树上的恐龙，长有羽毛。树息龙用最长的第三根手指来捕捉树洞中的虫子。

奇翼龙

奇翼龙生活在约 1.6 亿年前，有类似于蝙蝠的翼膜样翅膀。它生活在树上，可以在树木之间滑翔。奇翼龙与鸟类的亲缘关系非常近。

恐龙的听力怎么样?

恐龙的听力不如哺乳动物的，它们还没有进化出完善的听小骨，只有一块中耳骨；没有外耳郭；鼓膜在头部左右两侧的皮肤表面或稍凹陷处。

进化到鸟类时，鸟类的中耳室也只有一块中耳骨；有外耳道，在头的两侧，外耳道的开口在眼的后方，也没有耳郭；外耳道底是鼓膜。

鸟类虽然听力不佳，但视力极好。

传奇的古鸟

古鸟是长有飞羽、可以飞行的鸟类，这是脊椎动物进化史上的第六次巨大飞跃。

中华神州鸟

中华神州鸟是一种古鸟，它真正具有了飞行能力，代表恐龙向鸟类进化过程中的又一中间环节。它生活在 1.2 亿～1.1 亿年前，化石发现于中国辽西，比始祖鸟的进化程度更高，嘴里已经没了牙齿，前肢比后肢长得多。

始祖鸟

始祖鸟被称为"地球上出现的第一只鸟"，生活在约 1.5 亿年前，和现代的野鸡差不多大小，化石发现于德国。它的飞羽具有高度不对称性，有一定的飞行能力。它仍保留兽脚类的特征，嘴里有细小的牙齿，尾巴有尾椎骨，翅膀末端有指爪。

热河鸟

热河鸟体长约 45 厘米，生活在 1.45 亿～1.25 亿年前。化石发现于中国辽西，是中国境内发现的"第一只鸟"。热河鸟与现代鸟类不同，翅膀末端有指爪，有尾椎骨，牙齿已严重退化。

中国鸟

　中国鸟是一种中型古鸟，是介于始祖鸟与现代鸟之间的一个物种，生活在约1.3亿年前，化石在中国多地被发现。它形似现在的猛禽，如鹰和雕。中国鸟的腿羽丰满，两翼宽大，翅膀末端有指爪，指爪如钩，嘴里布满尖锐的牙齿，以小型动物为食。它会在树上做窝、孵蛋、抚育雏鸟。

孔子鸟

　孔子鸟生活在1.25亿～1.2亿年前，它是目前已知的最早拥有无齿角质喙部的古鸟类。孔子鸟实行一夫一妻制。雄性孔子鸟比雌性长得漂亮，尾羽也更长。雄鸟会保护幼鸟。

你方唱罢我登场

大约6600万年前，一颗巨大的小行星碎片撞在了地球上，碎片温度高达10000摄氏度。撞击产生的能量引起了地震、海啸，导致火山爆发，喷出的火山灰层有几千米厚，挡住了阳光，于是，地球温度急剧下降。极其恶劣的生存环境导致无数的植物、动物相继灭绝。地球上有75%～80%的物种在这次灾难中消失，史称第五次生物大灭绝事件。

在这之后，统治了地球1.6亿多年的恐龙和它们的远亲完全从地球上消失了。而小型的哺乳动物因为食量小，在扛过了这次灾难后，顽强地生存下来。鸟类也是其中的幸存者。

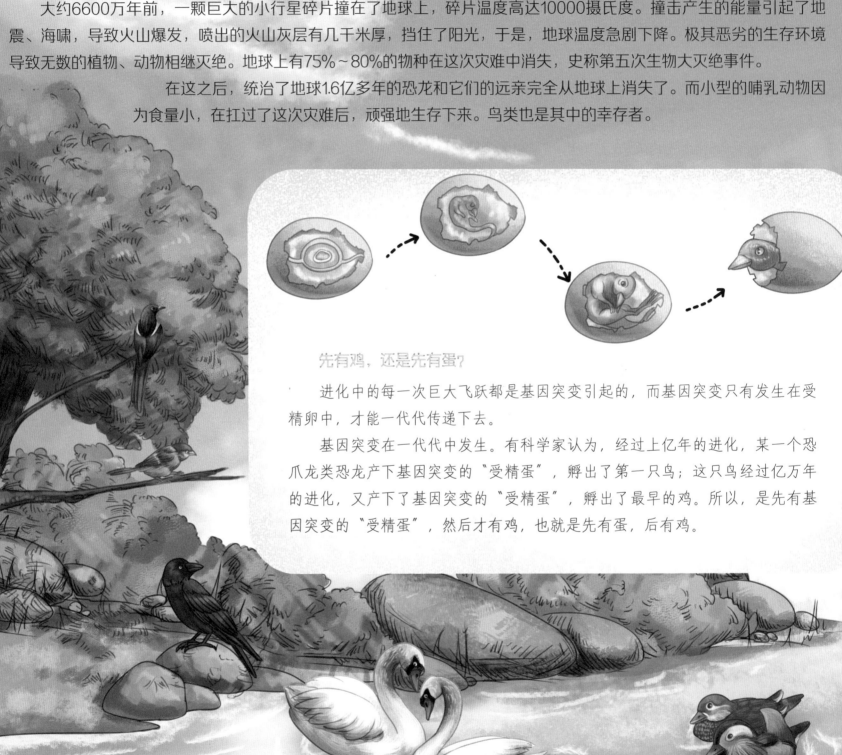

先有鸡，还是先有蛋？

进化中的每一次巨大飞跃都是基因突变引起的，而基因突变只有发生在受精卵中，才能一代代传递下去。

基因突变在一代代中发生。有科学家认为，经过上亿年的进化，某一个恐爪龙类恐龙产下基因突变的"受精蛋"，孵出了第一只鸟；这只鸟经过亿万年的进化，又产下了基因突变的"受精蛋"，孵出了最早的鸡。所以，是先有基因突变的"受精蛋"，然后才有鸡，也就是先有蛋，后有鸡。

　　可以说，第五次生物大灭绝事件后，恐龙灭绝了，但由恐龙进化出的鸟类呈多样化迅速繁衍，成了现在天空中的霸主。

　　现在的10000多种鸟类中，有称霸天空的猛禽、寓意和平的鸽子、长途迁徙的大雁、翩翩起舞的火烈鸟、体态优雅的天鹅、出双入对的鸳鸯，还有聪明伶俐的乌鸦、招人喜爱的喜鹊、爱吃昆虫的麻雀、会学说话的鹦鹉……它们或许都是手盗龙类恐龙的"子子孙孙"。

41